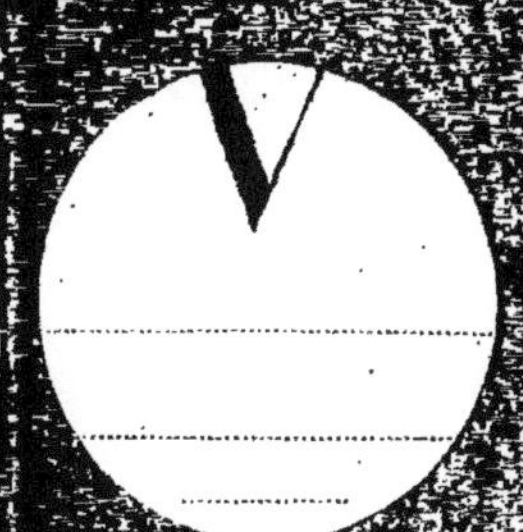

ABRÉGE

D'ARITHMÉTIQUE,

PAR DEMANDES ET PAR RÉPONSES,

Destiné aux écoles dirigées par les Sœurs de la Providence.

DEUXIÈME ÉDITION.

RAON-L'ÉTAPE,

IMPRIMERIE DE J. C. DOCTEUR.

1848.

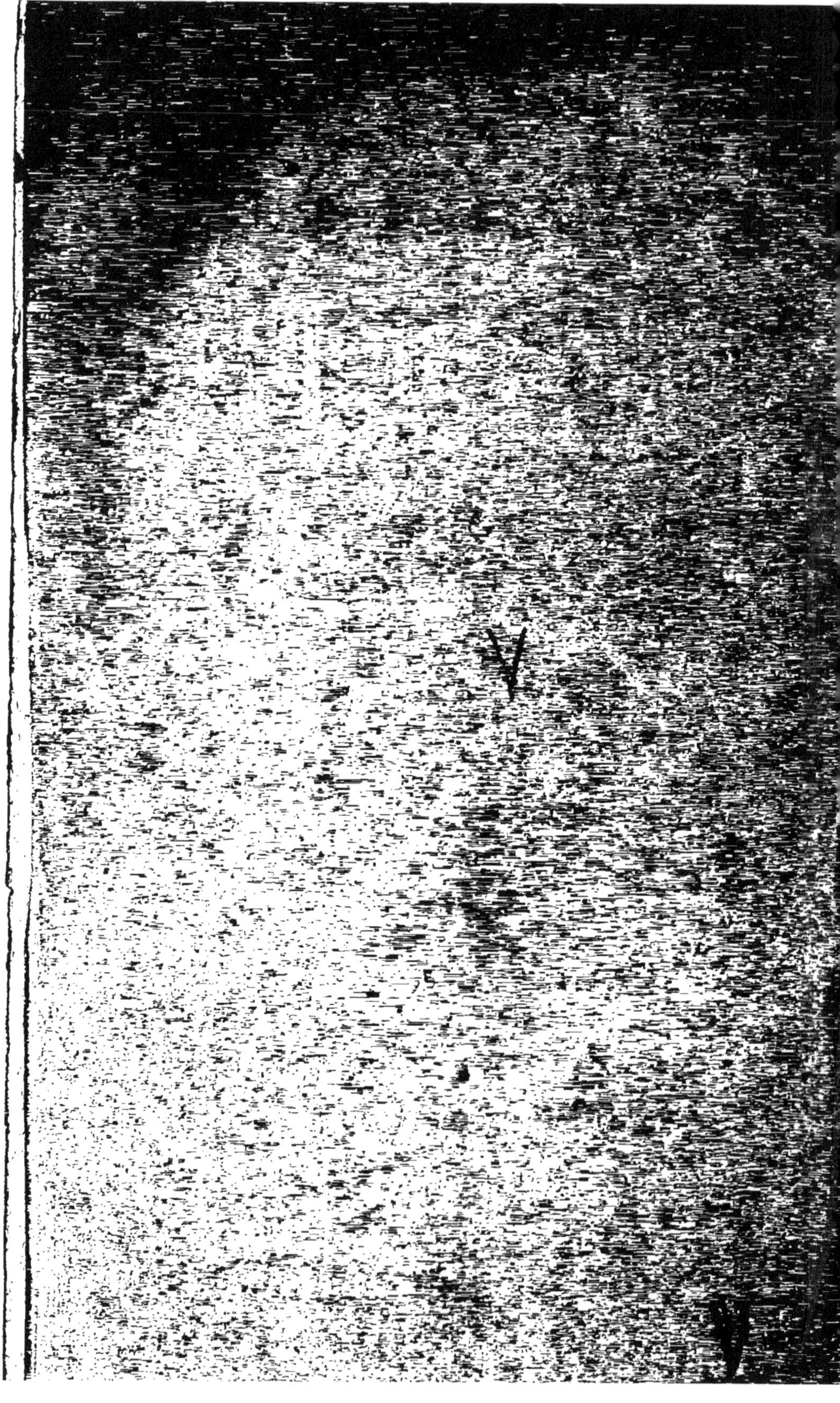

ABRÉGÉ
D'ARITHMÉTIQUE,

PAR DEMANDES ET PAR RÉPONSES,

Destiné aux écoles dirigées par les
Sœurs de la Providence.

DEUXIÈME ÉDITION.

OUVRAGE DE PROPRIÉTÉ.

Raon-l'Etape.

IMPRIMERIE DE J.-C. DOCTEUR.

—

1848.

ABRÉGÉ
D'ARITHMÉTIQUE.

DEMANDE. *Qu'est-ce que l'Arithmétique?*

RÉPONSE. L'Arithmétique est la science des nombres et du calcul. Son but est d'enseigner : 1° à énoncer et à écrire les nombres ; c'est l'objet de la NUMÉRATION : 2° à faire sur les nombres diverses opérations, en les composant ou en les décomposant ; ce qui s'appelle CALCUL.

D. *Qu'est-ce qu'un nombre?*

R. Un nombre est un assemblage d'unités de même espèce.

D. *Qu'est-ce que l'unité?*

R. Ce qui sert de terme de comparaison à toutes les quantités de même espèce, s'appelle *unité*. Par exemple, dans 12 mètres, c'est le mètre qui est l'unité ; dans 8 francs, le franc est l'unité ; dans 10 ares, l'are est l'unité.

D. *Qu'est-ce qu'une quantité?*

R. C'est tout ce qui peut être augmenté ou diminué, comme la pesanteur, la longueur, l'épaisseur, la profondeur, et la durée du temps.

D. *Qu'est-ce que le calcul?*

R. C'est l'art de faire sur les nombres diverses opérations qui tendent à les composer ou à les décomposer.

D. *Comment compose-t-on les nombres?*

R. On les compose par l'Addition et par la Multiplication. On les décompose par la Soustraction et par la Division.

D. *Combien y a-t-il d'opérations fondamentales dans l'Arithmétique?*

R. Il y en a quatre : l'Addition, la Soustraction, la Multiplication, et la Division.

D. *Que faut-il savoir avant de faire ces opérations?*

R. Il faut savoir la Numération.

PREMIÈRE PARTIE DE L'ARITHMÉTIQUE.

LA NUMÉRATION.

D. *Qu'est-ce que la Numération?*

R. La Numération est la partie de l'Arithmétique qui enseigne à énoncer et à écrire les nombres.

D. *Comment représente-t-on les nombres?*

R. On les représente au moyen de dix caractères particuliers qu'on nomme chiffres. Ce sont :

$$1, 2, 3, 4, 5, 6, 7, 8, 9, 0.$$

D. *Combien y a-t-il de sortes de numérations?*

R. Deux, la Numération écrite et la Numération parlée.

D. *Qu'est-ce que la Numération écrite?*

R. C'est l'art de représenter les nombres par des chiffres.

D. *Qu'est-ce que la Numération parlée?*

R. C'est l'art d'énoncer ou de lire les nombres représentés par des chiffres écrits.

D. *Combien les chiffres ont-ils de valeurs?*

R. Deux : la valeur propre ou absolue, et la valeur relative ou locale.

D. *Qu'est-ce que la valeur propre des chiffres?*

R. C'est celle qu'ils ont par eux-mêmes.

D. *Qu'est-ce que la valeur relative ou locale?*

R. C'est celle que leur donne le rang qu'ils occupent. Dans 435, par exemple, la valeur propre du premier chiffre à gauche est 4, et sa valeur relative 4 centaines, ou 4 cents. La valeur propre du second chiffre est 3, et sa valeur relative est 3 dizaines, c'est-à-dire 30. Le dernier chiffre à droite n'a jamais que sa valeur absolue.

Formation des Nombres.

D. *Comment fait-on pour former les nombres ?*

R. Pour former les nombres, on part de l'unité. L'unité ajoutée à elle-même donne le nombre deux ; celui-ci augmenté d'une unité, forme le nombre trois ; ainsi de suite jusqu'à neuf. Neuf augmenté d'une unité, forme un second ordre d'unités, qu'on appelle *dizaines* ; et comme on a compté depuis une unité jusqu'à neuf unités, on compte aussi depuis une dizaine jusqu'à neuf dizaines. On parvient, par là, jusqu'à neuf dizaines et neuf unités : en y ajoutant une unité, on forme un troisième ordre d'unités appelées *centaines*. On compte par centaines, comme par dizaines et par unités, jusqu'à neuf centaines, neuf dizaines et neuf unités. En y ajoutant une unité, on forme un quatrième ordre d'unités appelées MILLE.

De même qu'on a compté par unités, dizaines, centaines, depuis une unité jusqu'à mille unités, on compte par unités, dizaines, centaines de mille, depuis un mille jusqu'à mille unités de mille, qu'on appelle MILLION. Mille millions forment un BILLION.

Représentation des Nombres.

D. *De quoi se sert-on pour représenter ou écrire les nombres?*

R. On se sert de dix caractères particuliers qu'on nomme *chiffres*. Les voici :

1, 2, 3, 4, 5, 6, 7, 8, 9, 0.

un, deux, trois, quatre, cinq, six, sept, huit, neuf, zéro.

Ainsi, pour représenter les nombres, on est convenu en général qu'un chiffre placé à la gauche d'un autre exprimerait des unités dix fois plus grandes que celui qui le précéderait; qu'ainsi, en allant de droite à gauche, chacun de ces chiffres exprimerait au premier rang des unités simples, au deuxième rang des dizaines, au troisième rang des centaines, au quatrième rang des mille, &c., et qu'en général à mesure qu'un chiffre serait avancé d'un rang vers la gauche, les unités qu'il exprimerait seraient dix fois plus grandes, comme on peut le voir par cet exemple : 4444. Le second 4 à droite vaut dix fois plus que le premier; le troisième vaut dix fois plus que le second, ou cent fois plus que le premier; et enfin le quatrième vaut dix fois plus que le troisième, ou mille fois plus que le premier.

D. *A quoi sert le dixième chiffre nommé zéro?*

R. Il sert à remplacer les unités qui manqueraient dans quelqu'ordre, et conserve aux autres chiffres le rang qu'ils doivent occuper. Ainsi, pour écrire *six cent quatre*, on pose un 6, un 0 et un 4 (604). On met un zéro à la place des dizaines, pour que le 6 soit au rang des centaines.

D. *Si l'on mettait un zéro à la droite d'un nombre entier, changerait-on la valeur de ce nombre?*

R. Oui ; on rendrait le nombre entier dix fois plus grand. Ainsi, pour rendre un nombre dix fois, cent fois, mille fois, plus grand, il suffit d'écrire à sa droite un, deux ou trois, zéros. Pour rendre, par exemple, le nombre 25 dix fois plus grand, j'ajoute un zéro à sa droite, et j'ai 250 ; pour le rendre cent fois plus grand, j'en ajoute deux, et j'ai 2500 ; pour le rendre mille fois plus grand, j'ajoute trois zéros, et j'ai 25000 (*vingt-cinq mille*) ; c'est-à-dire que le nombre 25 est devenu mille fois plus grand.

D. *Si l'on mettait un ou plusieurs zéros à la gauche d'un nombre entier, changerait-on encore la valeur de ce nombre?*

R. Non : le nombre entier ne changerait pas de valeur, puisque le rang des chiffres ne serait pas changé, et qu'il exprimerait des unités de même ordre qu'auparavant.

D. *Que faut-il faire pour rendre un nombre entier terminé par des zéros, dix fois, cent fois, ou mille fois, plus petit?*

R. Il suffit d'effacer les zéros finals. Par exemple, 2 est dix fois plus petit que 20 ; 9 est cent fois plus petit que 900 ; &c.

D. *Par où faut-il commencer pour écrire un nombre à la dictée?*

R. On commence par la gauche, et l'on place successivement les chiffres les uns après les autres comme on les entend prononcer. Seulement il faut avoir soin de mettre un zéro à la place des centaines, ou des dizaines, ou des unités, qui pourraient manquer dans le nombre que l'on entend. Si l'on entend, par exemple, le nombre *cent huit*, nombre où il n'y a que des centaines et des unités, et où il

n'y a pas de dizaines, il faut mettre un zéro entre
le 1 et le 8, afin de représenter les dizaines qui
manquent : 108.

Énoncé des Nombres.

D. *Que faut-il faire pour énoncer aisément un
nombre écrit?*

R. On le sépare par une virgule en tranches de
trois chiffres, à partir de la droite, sauf à ne laisser qu'un ou deux chiffres à la dernière tranche à
gauche. On énonce ensuite chaque tranche comme
si elle était seule, en lui donnant le nom de ses
unités.

Par exemple, si je pose le nombre suivant :
8542693, je le sépare en tranches de trois chiffres,
comme il suit, 8,542,693, et je l'énonce ainsi :
8 millions, 542 mille, 693 unités. Ainsi la première
tranche à droite est toujours celle des unités, la
deuxième donne des mille, la troisième des millions, la quatrième des billions, la cinquième des
trillions, &c.; et chaque tranche renferme toujours
des unités, des dizaines et des centaines.

Dénomination des Nombres.

D. *Combien peut-il y avoir de sortes de nombres?*

R. Il y en a de deux sortes, les simples et les
composés.

D. *Quelle dénomination donne-t-on aux diverses
sortes de nombres?*

R. Il y a des nombres *simples*, des nombres *composés*; des nombres *abstraits*, des nombres *concrets*;
des nombres *entiers*, des nombres *fractionnaires*,
Les fractions sont *complexes* ou *incomplexes*.

1*

D. *Qu'est-ce qu'un nombre simple?*

R. Un nombre est simple lorsqu'il ne renferme qu'un chiffre. Exemple : 8.

D. *Qu'est-ce qu'un nombre composé?*

R. Un nombre est composé quand il renferme plusieurs chiffres. Exemple : 265.

D. *Quand est-ce qu'un nombre est abstrait?*

R. Un nombre est abstrait quand on ne désigne pas l'espèce des unités qu'il renferme. Exemple : 56.

D. *Quand est-ce qu'un nombre est concret?*

R. Un nombre est concret lorsqu'on désigne l'espèce de ses unités. Exemple : 20 mètres.

D. *Qu'est-ce qu'un nombre entier?*

R. Un nombre est entier lorsqu'il ne renferme que des unités entières. Exemple : 45 ares.

D. *Qu'appelle-t-on nombre fractionnaire?*

R. Un nombre est fractionnaire lorsqu'il renferme des unités et des parties de l'unité. Exemple : 5 aunes 3/4. Un nombre fractionnaire est appelé *nombre décimal* lorsqu'il renferme des unités et des parties d'unités de dix en dix fois plus petites ; comme 25 mètres 45 centimètres.

D. *Qu'appelle-t-on fraction?*

R. On appelle fraction un nombre qui ne renferme que des parties de l'unité. Exemple : 5/8. On appelle fractions *décimales* celles qui ne représentent que des *dixièmes*, ou des *centièmes*, ou des *millièmes*, d'unités. Les centimes sont des fractions décimales, parce que le *centime* est toujours la centième partie du franc.

D. *Qu'est ce qu'un nombre complexe?*

R. Un nombre est complexe lorsqu'il exprime des unités de plusieurs espèces que l'on peut ramener à une seule espèce. 8 jours 4 heures 7 minutes, est un nombre complexe, parce que l'on peut réduire les jours et les heures en minutes.

D. *Qu'est-ce qu'un nombre incomplexe?*

R. Un nombre est incomplexe lorsqu'il ne renferme qu'une seule espèce d'unités. Ex.: 15 jours.

NOUVEAU SYSTÈME,

ou

SYSTÈME MÉTRIQUE.

D. *Comment appelle-t-on le système actuel des poids et mesures?*

R. On l'appelle *système métrique*, parce qu'il dérive du *mètre*. On l'appelle encore système légal, parce qu'il est le seul reconnu et adopté par la loi.

D. *Combien y a t-il d'unités dans le nouveau système?*

R. Il y en a six, savoir : le MÈTRE, l'ARE, le STÈRE, le LITRE, le GRAMME et le FRANC.

D. *Qu'est-ce que le MÈTRE?*

R. C'est la dix-millionnième partie du quart du méridien ; c'est-à-dire que le mètre est contenu dix millions de fois dans la distance qu'il y a du pôle à l'équateur.

D. *A quoi sert le mètre?*

R. A mesurer les longueurs, comme la toile, le ruban, la longueur d'un champ, &c. Il remplace l'aune, la toise et la lieue.

D. *Quels sont les multiples du mètre?*

R. Les multiples du mètre sont le *décamètre*, mot qui signifie dix mètres ; l'*hectomètre*, qui vaut cent mètres ; le *kilomètre*, qui vaut mille mètres ; et le *myriamètre*, qui vaut dix mille mètres. 4 kilomètres (c'est-à-dire 4000 mètres) font une lieue de poste. — Cependant lorsqu'il ne s'agit pas de distances, on ne-compte que par mètres. Ainsi on dit 10 mètres, et non un décamètre, de drap.

D. *Quels sont les sous-multiples du mètre?*

R. Le *décimètre*, le *centimètre* et le *millimètre*. *Déci* signifie la dixième partie de l'unité, *centi* la centième partie, *milli* la millième partie. Ainsi un *centimètre* est la centième partie du mètre ; c'est-à-dire que 100 centimètres forment le mètre.

D. *Qu'est-ce que l'*ARE*?*

R. L'ARE est une surface carrée dont chaque côté a dix mètres. Il vaut cent carrés ayant un mètre de chaque côté.

D. *A quoi sert l'are?*

R. L'are sert à mesurer la superficie des terrains.

D. *Que remplace l'are?*

R. L'are remplace la toise carrée, la perche carrée, l'arpent, le jour et l'hommée.

D. *Quels sont les multiples de l'are?*

R. L'*hectare*, qui vaut cent ares. On se sert de l'hectare pour les grands terrains.

D. *Quels sont les sous-multiples de l'are?*

R. Le mot *centiare* est seul en usage. Il signifie la centième partie de l'are.

D. *Qu'est-ce que le *STÈRE*?*

R. Le STÈRE, ou mètre cube, est un solide à six faces dont chacune est un mètre carré. Il faut trois stères pour une corde métrique.

D. *Que mesure-t-on avec le stère?*

R. Le bois de chauffage. Il remplace la corde et la solive.

D. *Quels sont les multiples du stère?*

R. Le *décastère*, qui vaut 10 stères.

D. *Quels sont ses sous-multiples?*

R. Le *décistère*, c'est-à-dire un dixième de stère.

D. *Qu'est-ce que le* LITRE ?

R. C'est le cube du décimètre. Mais on n'a pas laissé au litre la forme cubique : on lui a donné la forme cylindrique.

D. *Quels sont les multiples du litre?*

R. Le *décalitre*, qui vaut dix litres ; l'*hectolitre*, qui vaut cent litres ; et le *kilolitre*, qui vaut mille litres.

D. *Quels sont les sous-multiples du litre?*

R. Le *décilitre*, mot qui signifie la dixième partie du litre ; le *centilitre*, qui est la centième partie du litre ; et le *millilitre*, qui en est la millième partie.

D. *Que mesure-t-on avec le litre?*

R. Avec le litre, on mesure les liquides et les matières sèches. Il remplace la pinte, la bouteille, le muid, la velte et le boisseau.

D. *Qu'entend-on par* liquides?

R. C'est tout ce qui coule, comme l'eau, le vin, la bière, l'eau-de-vie, &c.

D. *Qu'entendez-vous par matières sèches?*

R. Ce sont les graines, comme l'orge, la navette, le blé, les pois et les fèves.

D. *Qu'est-ce que le* GRAMME ?

R. Le GRAMME est le poids d'un centimètre cube d'eau distillée.

D. *Pourquoi l'eau a-t elle été distillée?*

R. Pour qu'elle soit séparée des substances qui lui sont étrangères, et qui, par conséquent, pourraient faire varier son poids.

D. *A quoi sert le gramme?*

R. A peser.

D. *Que pèse-t-on ordinairement?*

R. Le pain, la viande, le sel, la farine, le sucre,&c.

D. *Quels sont les multiples du gramme?*

R. Le *décagramme*, c'est-à dire dix grammes; l'*hectogramme*, ou cent grammes; le *kilogramme*, ou mille grammes. Un kilogramme vaut deux livres anciennes.

D. *Quels sont les sous-multiples du gramme?*

R. Le *décigramme*, le *centigramme*, et le *milligramme*.

D. *Que remplace le gramme?*

R. Il remplace la livre et ses subdivisions. Il faut cinq cents grammes pour une livre. Cinq hectogrammes, ou un demi-kilogramme, font également la livre.

D. *Qu'est-ce que le* FRANC?

R. Le FRANC est l'unité monétaire, ou de monnaie. Il pèse cinq grammes d'argent allié d'un dixième de cuivre.

D. *Quels sont les multiples du franc?*

R. Il n'en a pas.

D. *Quels sont ses sous-multiples?*

R. Le *décime*, ou la dixième partie du franc; le *centime*, ou la centième partie. Ainsi un franc vaut 10 décimes, ou 100 centimes.

DEUXIÈME PARTIE DE L'ARITHMÉTIQUE.

LE CALCUL.

Observations préliminaires.

D. *Que faut-il connaître pour bien résoudre un problème de calcul?*

R. Il faut connaître la définition, la règle ou méthode, l'opération, la preuve, et la démonstration.

D. *En arithmétique, qu'est-ce que la définition?*

R. C'est une explication du but où tend une opération.

D. *Qu'est-ce que la règle ou méthode?*

R. Ce sont les moyens pour parvenir à ce but.

D. *Qu'est-ce que faire une opération?*

R. C'est mettre ces moyens en pratique.

D. *Qu'est-ce que faire la preuve d'une règle quelconque?*

R. C'est faire une seconde opération pour s'assurer de l'exactitude du résultat de la première.

D. *Qu'est-ce que la démonstration?*

R. C'est un raisonnement par lequel on fait voir qu'en suivant une méthode donnée, on doit parvenir au but proposé. — La démonstration sert aussi à faire voir la vérité d'un principe énoncé.

ADDITION : 1re *Règle*.

D. *Qu'est-ce que l'Addition ?*

R. L'Addition est une opération par laquelle on réunit ensemble plusieurs quantités de même espèce, pour ne faire qu'un seul nombre qu'on appelle *somme* ou *total*.

Par exemple, si une mère de famille dépense 45 francs pour habillements, 50 francs pour nourriture, 25 francs pour d'autres dépenses, si on veut savoir combien elle a dépensé en tout, il faut faire une addition.

D. *Pourquoi est-il nécessaire que les nombres soient de la même espèce ?*

R. Parce qu'on ne peut pas additionner des francs avec des mètres, des ares avec des litres, des stères avec des grammes : on ne saurait pas ce qu'on aurait pour total.

D. *Pour additionner, comment faut-il poser les chiffres ?*

R. On doit écrire les nombres de même espèce les uns sous les autres : c'est-à-dire qu'il faut mettre les unités sous les unités, les dizaines sous les dizaines, les centaines sous les centaines, &c.

D. *Lorsque les nombres sont bien posés, par quel côté commence-t-on à faire l'Addition ?*

R. On commence à additionner par la colonne des unités, qui est toujours à droite.

D. *Pourquoi commence-t-on par la colonne des unités ?*

R. Parce qu'il faut reporter à la colonne des dizaines, les dizaines que l'on obtient en additionnant les unités ; parce qu'il faut, pareillement, reporter à la colonne des centaines, les centaines que l'on peut obtenir en additionnant les dizaines; &c. On continue ainsi jusqu'à la dernière colonne à gauche, sous laquelle on écrit la somme totale que l'on trouve, parce qu'il n'y a plus de colonne à laquelle on puisse reporter.

D. *N'y a-t-il pas un signe au moyen duquel on peut présenter une addition à faire?*

R. Oui : c'est une petite croix + qui veut dire *plus*. Par exemple : 6 + 4, signifie 6 plus 4 ; c'est-à-dire 6 ajouté à 4.

D. *Quel est le signe arithmétique qui signifie égale?*

R. Ce sont deux lignes parallèles et horizontales ═. Ainsi 6 + 4 + 8 = 18, veut dire : 6 plus 4, plus 8, *égalent* ou valent 18.

USAGES DE L'ADDITION.

D. *A quoi sert l'Addition?*

R. L'Addition sert, comme l'indique sa définition, à former la *somme* de plusieurs nombres qui expriment des quantités de même espèce.

Exemple : Un marchand épicier achète du savon pour 210 fr., plus du sucre pour 565 fr., ensuite du riz pour 135 fr. Quelle somme doit-il débourser pour payer ces différentes marchandises ?

Pour savoir combien ce marchand doit débourser, il faut faire l'addition de ces trois sommes. Je pose, en conséquence, les trois sommes les unes sous les autres. Je les souligne ensuite, afin de ne point confondre la somme totale avec le dernier nombre.

L'addition faite, je trouve que le marchand doit débourser 910 francs.

$$
\begin{array}{r}
2\,1\,0 \\
5\,6\,5 \\
1\,3\,5 \\
\hline
9\,1\,0
\end{array}
$$

PREUVE DE L'ADDITION.

D. *Qu'est-ce que faire la preuve d'une opération quelconque?*

R. C'est, comme nous l'avons déjà dit, faire une seconde opération pour vérifier l'exactitude de la première.

D. *Comment fait-on la preuve de l'Addition?*

R. La preuve de l'Addition peut se faire de trois manières.

1° Si on a commencé à additionner la première fois par le haut, il faut recommencer l'opération en commençant par le bas. Alors si la première opération a été bien faite, on doit retrouver la même somme.

2° Un deuxième moyen est de souligner le nombre du dessus, afin d'additionner seulement les autres nombres. On soustrait ensuite le produit de cette seconde addition du total de la première. Si la première opération a été bien faite, on doit retrouver la somme supérieure que l'on n'a point additionnée.

3°. Elle se fait enfin par la Soustraction ; mais on commence par la gauche, en ôtant le total de chaque colonne du chiffre qui est écrit au-dessous. On pose le reste sous ce nombre, pour le joindre comme dizaine au chiffre posé sous la colonne suivante. De cette quantité on retranche la totalité de chaque colonne, en continuant ainsi jusqu'à la dernière colonne à droite, sous laquelle on doit retrouver zéro pour reste si l'opération est exacte. On doit aussi retrouver les mêmes chiffres que l'on a reportés d'une colonne à l'autre dans la première addition.

1ʳᵉ Exemple.	*2ᵉ Exemple.*	*3ᵉ Exemple.*
	67894	
6745368	95763	43789
5596243	87854	36856
2875489	59623	24697
9865257	311134	68325
23082337	243240	173667
Preuve : 23082337	Preuve : 67894	Preuve : 22220

FRACTIONS DÉCIMALES.

D. *Qu'appelle-t-on fractions décimales ?*

R. Les fractions décimales sont des nombres qui expriment des quantités plus petites que l'unité, et qui sont successivement de dix en dix fois plus petites les unes que les autres.

D. *Comment appelle-t-on encore ces parties décimales ?*

R. La première décimale se nomme *dixième* : elle est contenue dix fois dans l'unité. La seconde se nomme *centième* : elle est contenue cent fois dans l'unité. La troisième s'appelle *millième* : elle est contenue mille fois dans l'unité. Enfin la quatrième est appelée *dimillième* : elle est contenue dix mille fois dans l'unité.

D. *Comment s'y prend-on pour écrire les nombres décimaux ?*

R. On écrit premièrement le nombre entier, puis les chiffres décimaux, en ayant soin de les séparer du nombre entier par une virgule. A la droite de la virgule on écrit d'abord les dixièmes, puis les centièmes, puis les millièmes, &c. — S'il manquait quelque ordre de décimales, il faudrait les remplacer par un ou plusieurs zéros. Ainsi 4,7 signifie 4 unités et 7 dixièmes. 4,07 signifie 4 unités et 7 centièmes, parce qu'ici le 7 est placé au rang des centièmes.

D. *Comment énonce-t-on les nombres décimaux?*

R. On énonce d'abord le nombre entier, ensuite les fractions décimales en donnant au dernier chiffre le nom de de la dernière fraction énoncée. Par exemple, si j'écris le nombre suivant 45.408, ce nombre doit s'énoncer ainsi : 45 unités 408 millièmes.

D. *Si l'on mettait des zéros à la suite des nombres décimaux, changerait-on la valeur de ces nombres?*

R. Non : les zéros placés à la droite d'un nombre décimal n'en changent pas la valeur. Ainsi 8 fr. 6 décimes est la même chose que 8 fr. 60 centimes.

ADDITION DES NOMBRES DÉCIMAUX.

D. *Comment fait-on l'Addition des nombres décimaux?*

R. L'Addition des nombres décimaux se fait comme celle des nombres entiers; mais on a soin de séparer à la droite du résultat, par une virgule, autant de chiffres décimaux qu'on en a dans celui des nombres qui en contient le plus.

EXEMPLE : Un marchand de bois en a vendu une première fois 28 stères 25 centistères, une deuxième fois 40 stères 60 centistères, et une troisième fois 845 stères 5 décistères. Combien a-t-il vendu de bois en tout?

J'établis ma règle comme il suit, en mettant les unités sous les unités, et les décimales sous les décimales, en ayant soin de les séparer des nombres entiers par une virgule, comme on peut le voir par cet exemple.

2 8 , 2 5	
4 0 , 6 0	*Réponse.* Ce marchand a vendu 914
8 4 5 , 5 0	stères 35 centistères de bois.
9 1 4 , 3 5	

SOUSTRACTION : 2ᵉ *Règle.*

D. *Qu'est-ce que la Soustraction?*

R. La Soustraction est une opération par laquelle on cherche la différence qui existe entre deux nombres. Pour connaître cette différence, on retranche le plus petit nombre du plus grand. Lorsque les nombres sont concrets, il faut qu'ils soient tous de la même espèce.

D. *Comment appelle-t-on le résultat de l'opération?*

R. On l'appelle *reste, excès* ou *différence.*

D. *Comment fait-on la Soustraction?*

R. Pour faire la Soustraction, on écrit le plus petit nombre sous le plus grand, de manière que les unités de même ordre se correspondent. On souligne le tout, puis on retranche chaque chiffre inférieur du chiffre supérieur correspondant, en commençant par la droite. On écrit le reste au-dessous, et zéro s'il ne reste rien.

D. *Que faudrait-il faire si le chiffre inférieur était plus grand que son correspondant supérieur?*

R. Il faudrait ajouter 10 au chiffre supérieur; et pour compenser ces 10, on ajouterait 1 au chiffre inférieur de la colonne suivante.

Exemple. Un particulier devait la somme de 859

francs ; il a déjà payé 498 francs. Combien doit-il encore ?

Pour faire cette règle, je dis : 8 ôtés de 9, reste 1, et je pose 1. Je passe à la colonne suivante, et je dis : 9 ôtés de 3, cela ne se peut. J'augmente donc le chiffre supérieur de 10. 10 et 3 font 13. 9 ôtés de 13, restent 4, je pose 4. Comme j'ai augmenté

mon chiffre 3, supérieur, de 10, j'augmente le chiffre inférieur suivant de 1.

$$839$$
$$498$$

1 et 4 font 5. 5 ôtés de 8, restent 3.

Reste: 341   La réponse est donc 341 francs.

<h3 style="text-align:center">USAGES DE LA SOUSTRACTION.</h3>

D. *A quoi sert la Soustraction ?*

R. La Soustraction sert 1° à déterminer ce qui reste d'une quantité lorsqu'on en a retranché une ou plusieurs autres.

EXEMPLE. Un tonneau contenait 354 litres de vin : on en a consommé 128 litres. Combien en reste-t-il ?

OPÉRATION.

$$354$$
$$128$$

Réponse. Il en reste encore **226** litres.

Reste : 226

2°. La Soustraction sert encore à déterminer la différence qui existe entre deux quantités.

EXEMPLE. Quelle est la différence des deux quantités de bois suivantes, savoir : 845 stères et 390 stères.

OPÉRATION.

$$845$$
$$390$$

Réponse. La différence est de 455 stères.

Différence : 455

5° La Soustraction sert encore à déterminer l'âge d'une personne ou la durée d'une chose.

EXEMPLE. Un bâtiment fut fait le 5 janvier 1816 : il s'est écroulé le 15 mars 1846. Combien a-t-il duré ?

OPÉRATION.

$$1845 - 2 - 14$$
$$1815 - 0 - \ \ 4$$
$$\overline{0\ 0\ 3\ 0\ \text{a.}\ 2\text{m.}\ 1\ 0\ \text{j.}}$$

Pour faire cette opération, je mets d'abord l'année où nous sommes ; mais comme 1846 n'est pas encore écoulé, je ne mets que 1845 ; et pour aller jusqu'au 15 mars il y a 2 mois écoulés, plus 14 jours.

Je ne mets pas non plus, pour le nombre inférieur, 1816, puisque l'année n'était pas écoulée, mais 1815 ; ensuite, comme il ne se trouve point de mois, je pose zéro, plus 4 jours écoulés.

SOUSTRACTION DES NOMBRES DÉCIMAUX.

D. *Comment se fait la Soustraction des nombres décimaux ?*

R. La Soustraction des nombres décimaux se fait comme celle des nombres entiers ; c'est-à-dire qu'on écrit les unités sous les unités, les dizaines sous les dizaines, &c., en mettant une virgule à la droite des unités ; puis on pose de même, à la droite de la virgule, les dixièmes sous les dixièmes, les centièmes sous les centièmes, &c.. S'il y a plus de décimales dans un nombre que dans l'autre, il faut compléter par un ou par plusieurs zéros, les ordres qui manquent. On opère ensuite sans avoir égard aux chiffres décimaux, et on sépare par une virgule les fractions décimales des nombres entiers, comme on a fait pour l'Addition.

EXEMPLE. Un particulier avait acheté 845 litres 95 centilitres d'orge. On ne lui en a livré que 496 litres 25 centilitres. Combien lui a-t-on retenu de litres ?

Pour faire cette opération, j'ai d'abord posé le nombre entier 845, à la droite duquel j'ai mis une virgule. Ensuite j'ai mis les décimales à la droite de la virgule. J'ai posé de même le plus petit nombre sous le plus grand, en mettant le nombre entier sous le nombre entier et les décimales sous les décimales, comme on peut le voir par l'opération suivante.

OPÉRATION.

$$845,\ 95$$
$$496,\ 25$$

Réponse. On lui en a retenu 349 lit. 70 centilitr.

PREUVE DE LA SOUSTRACTION.

D. *Comment fait-on la preuve de la Soustraction?*

R. La preuve de la Soustraction, soit pour les nombres entiers soit pour les nombres décimaux, se fait en additionnant le plus petit nombre avec le reste ou la différence de l'opération. Si l'opération a été bien faite, on doit retrouver le plus grand nombre comme total. Pour les nombres décimaux, il suffit de séparer sur la droite du résultat, par une virgule, les décimales qui s'y trouvent.

D. *N'y a-t-il pas aussi un signe employé dans la Soustraction?*

R. Oui : il se fait par une ligne que l'on tire horizontalement —, et qui veut dire *moins.* EXEMPLE: 10 — 6 = 4. C'est-à-dire : 10 moins 6 égalent 4.

MULTIPLICATION : 3me *Règle.*

D. *Quel est le but de la Multiplication?*

R. Le but de la Multiplication est de multiplier un nombre appelé *multiplicande,* par un autre nombre nommé *multiplicateur.* Par exemple, si je veux chercher le prix de 545 stères de bois, à 8 fr. le stère, il faudra faire une Multiplication. c'est-à-dire qu'il faudra multiplier 545 par 8. Ainsi 545 sera le multiplicande, et 8 le multiplicateur.

D. *Lorsqu'on a un nombre composé à multiplier par un nombre simple, aura-t-on plusieurs produits partiels?*

R. Non : on n'aura qu'un produit partiel, qui sera en même temps le produit total.

D: *Lorsqu'on a deux nombres composés à multiplier l'un par l'autre, combien devra-t-on alors trouver de produits partiels?*

R. On trouvera autant de produits partiels qu'il y aura de chiffres au multiplicateur.

D. *Comment fait-on la Multiplication lorsque le multiplicateur renferme plusieurs chiffres?*

R. On écrit le multiplicateur sous le multiplicande ; on souligne : puis on multiplie tous les chiffres du multiplicande par le premier chiffre à droite du multiplicateur, sous lequel on pose le premier nombre trouvé. Si ce premier nombre contient des dizaines, on les retient pour les ajouter à la colonne suivante. On retient toujours ainsi les dizaines d'une colonne pour les ajouter à l'autre colonne. C'est ainsi que l'on obtient le premier *produit partiel.*

2

En multipliant les uns après les autres les chiffres du multiplicande par les dizaines du multiplicateur, et en opérant comme on a fait avec le chiffre des unités, on obtient un second produit partiel. Mais il faut alligner le premier chiffre à droite, avec le chiffre à l'aide duquel on multiplie.

Si le multiplicateur renferme trois chiffres, on multiplie de nouveau tous les chiffres du multiplicande par ce troisième chiffre, comme on a fait pour les deux premiers; ce qui donne un troisième produit partiel. Etc.

Enfin on obtient le *produit total* en additionnant tous les produits partiels que l'opération a donnés.

D. *De quelle nature doit être le produit d'une Multiplication?*

R. Il doit être de la même nature que le multiplicande. Ainsi, si le multiplicande représente des francs, le produit total doit nécessairement représenter des francs.

D. *Si, avant d'opérer, l'on changeait l'ordre des facteurs, aurait-on le véritable produit?*

R. Oui. Ainsi, pour avoir plus de facilité à faire la Multiplication, on pose le plus petit facteur sous le plus grand. Alors on a moins de produits partiels, et le résultat de l'opération est le même.

D. *La Multiplication n'est-elle pas une Addition abrégée?*

R. Oui; car si l'on écrivait le multiplicande autant de fois qu'il y a d'unités au multiplicateur, et si l'on additionnait tous ces nombres, on aurait une somme qui renfermerait le multiplicande autant de fois qu'il y a d'unités au multiplicateur. Exemple : Le mètre d'étoffe coûte 5 francs. Combien coûteront 8 mètres ?

ADDITION.

```
   8
   8
   8
   8
   8
```

Somme : 40 fr.

MULTIPLICATION.

```
   8
   5
```

Total : 40 fr.

D. *Lorsqu'on a un nombre entier à multiplier par 10, par 100, ou par 1000, que suffit-il de faire ?*

R. Il suffit d'ajouter à la droite de ce nombre un, deux, ou trois zéros.

EXEMPLE. 6 multipliés par $10 = 60$. Si je veux multiplier 6 par 100, j'ajoute deux zéros à 6, et j'ai 600. Si c'est par 1000, j'ajoute trois zéros, et j'ai 6000 (ou *six mille*).

D. *Dans les nombres décimaux, ajoute-t-on encore des zéros à la fin des nombres pour les multiplier ?*

R. Non, il suffit de reculer la virgule d'un, de deux ou de trois rangs, vers la droite.

Ainsi, si l'on veut multiplier 2 fr. 25 centimes par 10, il suffit de reculer la virgule qui doit séparer les francs d'avec les centimes, d'un rang vers la droite. Exemple : $2,25 \times 10 = 22,5$ décimes. Si on veut multiplier le même nombre par 100, il faut reculer la virgule de deux chiffres : $2,25 \times 100 = 225$ fr. Si c'est par 1000, il faut la reculer de trois rangs : $2,25 \times 1000 = 2250$ fr. J'ajoute un zéro après le 5, parce qu'il n'y avait pas assez de décimales. Je vois par ce moyen que le nombre 2,25 est devenu mille fois plus grand.

D. *Lorsque les deux facteurs d'une Multiplication sont terminés par des zéros, ne peut-on pas abréger le travail de la Multiplication ?*

R. Oui, on multiplie sans faire attention aux zéros; mais alors on les ajoute à la droite du produit total.

Exemple. Un marchand achète des marchandises, savoir, 200 pièces d'étoffes à 20 francs la pièce. Combien doit-il payer?

Pour faire cette opération, je dis seulement 2 fois 2 font 4, que je pose, à la droite duquel j'ajoute les trois zéros; et j'ai pour produit 4000 fr. (*quatre mille francs*).

$$
\begin{array}{r}
2\,0\,0 \\
2\,0 \\
\hline
4\,0\,0\,0
\end{array}
$$

D. *Quel est le signe employé dans la Multiplication?*

R. C'est une ×, qui veut dire *multiplié par*.

Exemple. $25 \times 6 = 150$; ou 25 multipliés par 6 égalent 150.

USAGES DE LA MULTIPLICATION.

D. *A quoi sert la Multiplication?*

R. 1°. La Multiplication sert à déterminer la valeur de plusieurs unités, quand on connaît celle d'une seule.

Exemple. Le mètre de drap coûte 18 fr. Combien coûteront 145 mètres, au même prix?

$$
\begin{array}{rl}
1\,4\,5 & \text{multiplicande.} \\
1\,8 & \text{multiplicateur.} \\
\hline
1\,1\,6\,0 & \text{1}^{\text{er}}\text{ produit partiel.} \\
1\,4\,5 & \text{2}^{\text{me}}\text{ produit partiel.} \\
\hline
2\,6\,1\,0 & \text{fr. produit total.}
\end{array}
$$

Réponse. Les 145 mètres coûteront 2610 francs.

2°. La Multiplication sert à réduire des unités

d'espèces supérieures, en unités d'espèces inférieures.

EXEMPLE. Réduire 12 ans 5 mois en jours.

$$
\begin{array}{r}
3\,6\,5 \\
1\,2 \\
\hline
7\,3\,0 \\
3\,6\,5 \\
1\,5\,0 \\
\hline
4\,5\,3\,0
\end{array}
$$

$$
\begin{array}{r}
3\,0 \\
5 \\
\hline
1\,5\,0
\end{array}
$$

Réponse. Il y 4530 jours.

PREUVE DE LA MULTIPLICATION.

D. *Comment fait-on la preuve de la Multiplication?*

R. La preuve de la Multiplication peut se faire de trois manières :

1°. En changeant l'ordre des facteurs. Si l'opération est exacte, on doit parvenir au même produit.

2°. On peut aussi la faire en prenant la moitié d'un facteur et en doublant l'autre. Si l'opération est exacte, on doit également parvenir au même produit.

3°. Elle se fait enfin en divisant le produit de la Multiplication par un des facteurs. Le quotient doit être égal à l'autre.

EXEMPLE. L'hectolitre de vin coûte 25 fr. Combien faudra-t-il payer pour 5 pièces contenaut chacune 7 hectolitres?

$$1^{re}\ Preuve.$$

$$
\begin{array}{r}
3\,5 \\
2\,5 \\
\hline
1\,7\,5 \\
7\,0 \\
\hline
8\,7\,5
\end{array}
\qquad
\begin{array}{r}
2\,5 \\
3\,5 \\
\hline
1\,2\,5 \\
7\,5 \\
\hline
8\,7\,5
\end{array}
$$

$$
\begin{array}{r}
7 \\
5 \\
\hline
3\,5
\end{array}
$$

Réponse. Il faudra payer 875 francs.

2me *Preuve.*

Ou la moitié de 35 est de   1 7,5
Et le double de 25 est de   5 0

                              8 7 5,0   2me preuve.

3me *Preuve.*

Enfin, en divisant le produit de la Multiplication par un des facteurs, on devra retrouver l'autre.

$$\begin{array}{c|c} 8\,7\,5 & 3\,5 \\ 1\,7\,5 & \\ \hline 0\,0 & 2\,5 \quad 3^{me}\ \text{preuve.} \end{array}$$

MULTIPLICATION DES NOMBRES DÉCIMAUX.

D. *Comment fait-on la Multiplication des nombres décimaux ?*

R. La Multiplication des nombres décimaux se fait comme celle des nombres entiers. On opère sans avoir égard à la virgule ; mais alors on sépare par une virgule, sur la droite du produit, autant de chiffres décimaux qu'il y en a dans les deux facteurs.

Exemple sur les nombres décimaux.

Un individu a fait 365 mètres 245 millimètres d'un certain ouvrage à 2 fr. 60 centimes le mètre. Combien doit-il recevoir ?

OPÉRATION.

$$\begin{array}{r} 3\,6\,5,2\,4\,5 \\ 2,6\,0 \\ \hline 2\,1\,9\,1\,4\,7\,0\,0 \\ 7\,3\,0\,4\,9\,0 \\ \hline 9\,4\,9,6\,5\,7\,0\,0 \end{array}$$

Après l'opération faite, j'ai séparé cinq chiffres au produit, parce que j'ai trois chiffres décimaux au multiplicande et deux au multiplicateur ; et j'ai pour résultat de l'opération 949 fr. 637 millièmes.

DIVISION : 4me *Règle*.

D. *Quel est le but de la Division?*

R. La but de la Division est de déterminer combien de fois un nombre appelé *dividende*, contient un autre nombre nommé *diviseur*. Le résultat de cette opération se nomme *quotient*.

D. *Lorsqu'on a un nombre simple à multiplier ou à diviser par un nombre simple, que suffit-il de savoir ?*

R. Il suffit de savoir son livret.

D. *Et pour diviser un nombre de plusieurs chiffres par un nombre simple, que faut-il faire?*

R. On écrit le diviseur à la droite du dividende; on l'en sépare par un trait vertical; puis on souligne le diviseur, sous lequel on écrit les chiffres au quotient à mesure qu'on les détermine, en cherchant combien de fois le diviseur est contenu dans le premier ou les deux premiers chiffres du dividende, en commençant par la gauche. Si le premier du dividende est moins fort que le diviseur, on prend les deux premiers, et on pose le nombre de fois au quotient. On multiplie ensuite le diviseur par ce quotient partiel, et on soustrait le produit de la partie du dividende employée. On abaisse le chiffre suivant à côté du reste, ce qui donne un nouveau dividende partiel, à l'égard duquel on opère comme sur le précédent. On continue le même procédé jusqu'à ce que le dividende total soit épuisé.

D. *Comment opère-t-on lorsque le dividende et le diviseur renferment plusieurs chiffres?*

R. On opère comme dans le cas précédent. Après avoir établi sa règle, on prend sur la gauche du dividende autant de chiffres qu'il en faut pour contenir le diviseur, en comparant le premier ou les deux premiers chiffres du dividende au premier du diviseur. On écrit le nombre de fois au quotient; et si, après avoir multiplié tout le diviseur par ce premier chiffre du quotient, on peut soustraire le produit du dividende partiel, et que le reste n'égale pas le diviseur, on a le vrai chiffre au quotient. On abaisse ensuite un chiffre à côté du reste, et on répète la même opération jusqu'à ce que le dividende total soit épuisé.

D. *Lorsque, après avoir abaissé un chiffre, on voit que le reste n'égale pas encore le diviseur, que faut-il faire?*

R. On pose un zéro au quotient, et on abaisse le chiffre suivant à côté du reste.

D. *Lorsqu'on a un nombre entier à diviser par 10, par 100 ou par 1000, que suffit-il de faire?*

R. Il suffit de séparer par une virgule, sur la droite du nombre entier, autant de chiffres qu'il y a de zéros à la suite de l'unité.

EXEMPLE. Si je veux diviser le nombre suivant, 4655, par 10, je dois séparer un chiffre sur la droite. Ainsi 4655 divisés par 10 égalent 465 unités 5 dixièmes. Si je veux le diviser par 100, je sépare deux chiffres, et j'ai 46,55. Si c'est par 1000, j'en sépare trois, et j'ai 4,655, ou 4 unités 655 millièmes.

D. *Que doit-on faire lorsque le dividende et le*

diviseur sont terminés par des zéros ?

R. Pour abréger le travail de la Division, on supprime sur la droite des deux facteurs le même nombre de zéros ; et le quotient ne change pas. Exemple : 1200 divisés par 500, est la même chose que 12 divisés par 5.

OPÉRATION.

$$1200 \;|\; 500 \qquad\qquad \text{Ou bien } 12 \;|\; 5$$
$$\;\;000 \;|\; \overline{4} \qquad\qquad\qquad\qquad 0 \;|\; \overline{4}$$

D. *Lorsque la division laisse un reste, que fait-on de ce reste ?*

R. Pour que le quotient soit plus juste, lorsque c'est un nombre entier qui a laissé un reste, on peut ajouter un zéro à ce reste pour le réduire en décimales en continuant d'opérer ; puis, ajoutant une virgule au quotient, immédiatement après la virgule on trouve des dixièmes, puis des centièmes si l'on ajoute encore un zéro, &c.

USAGES DE LA DIVISION.

D. *A quoi sert la Division ?*

R. 1°. La Division sert à partager un nombre en autant de parties égales qu'on le veut.

EXEMPLE. J'ai 6842 francs à partager entre 25 personnes. Quelle sera la part de chacune ?

$$6842 \;|\; 25$$
$$184 \;|\; \overline{}$$
$$\;\;092 \;|\; 273,68 \qquad \textit{Réponse.} \text{ La part de cha-}$$
$$\;\;\;170 \qquad\qquad\qquad\qquad \text{que personne sera de}$$
$$\;\;\;\;200 \qquad\qquad\qquad\qquad 273 \text{ fr. } 68 \text{ centimes.}$$
$$\;\;\;\;\;00$$

2°. A déterminer la valeur d'une unité, lorsqu'en connaît celle de plusieurs unités de même espèce.

2*

EXEMPLE. On a donné 654 francs pour 45 mètres de drap. A combien revient le mètre?

```
6 5 4   | 4 5
2 0 4   |
  2 4 0 | 1 4 , 5 5
  1 5 0 |
    1 5 |
```

Réponse. Le mètre de drap revient à 14 fr. 53 centim.

3°. A déterminer le nombre des unités, quand on connait la valeur totale de plusieurs unités et la valeur particulière d'une seule.

EXEMPLE. L'hectolitre de vin coûte 18 francs. Combien aura-t-on d'hectolitres du même vin pour 1458 francs?

```
1 4 5 8 | 1 8
  0 1 8 |
      0 | 8 1
```

Réponse. On en aura 81 hectolitres.

4°. A convertir des unités d'espèces inférieures en unités d'espèces supérieures.

EXEMPLE. Combien y a-t-il de francs dans 1865 centimes?

$$1865 : 100 = 18,65.$$

Ou bien 1865 divisés par 100, égalent 18 fr. 65 cent.

D. *N'y a-t-il pas un signe employé dans la Division?*

R. Oui : au lieu de dire *divisé par*, on se sert souvent de ce signe (:), comme on a fait dans l'opération ci-dessus.

PREUVE DE LA DIVISION.

D. *Comment fait-on la preuve de la Division?*

R. La preuve de la Division se fait en multipliant le quotient par le diviseur. S'il y a un reste, on l'ajoute au produit. Alors si on retrouve les mêmes chiffres qu'au dividende, c'est une preuve que l'opération a été bien faite.

Exemple. Diviser 6845 par 325.

OPÉRATION.

```
Dividende 6 8 4 5 | 3 2 5   Diviseur.
          0 3 4 5  |
   Reste 0 2 0 †   |   2 1   Quotient.
                   |-------
                   | 3 2 5
                  ·6 5 0
                     2 0 †
                   ---------
        Preuve  6 8 4 5
                   ---------
```

Pour cette opération, j'ai eu 20 de reste, que j'ai ajoutés sous le dernier produit partiel (†). J'ai ensuite additionné les produits partiels, et j'ai retrouvé pour produit total les mêmes chiffres qu'au dividende. Donc l'opération est bonne.

DIVISION DES NOMBRES DÉCIMAUX.

D. *Comment se fait la Division des nombres décimaux?*

R. La Division des nombres décimaux se fait comme celle des nombres entiers, surtout lorsque le dividende et le diviseur renferment le même nombre de décimales. On opère sans faire attention à la virgule, et il n'y a rien à changer au quotient.

D. *Mais si le diviseur seul en renferme, et que le dividende n'en renferme point, que faudrait-il faire?*

R. Il faudrait ajouter autant de zéros sur la droite du dividende, qu'il y aurait de décimales au diviseur : le quotient serait également le même, c'est-à-dire qu'il n'y aurait rien à changer au quotient.

D. *Lorsque le dividende seul en renferme, comment opère-t-on ?*

R. On opère sans faire attention à la virgule; mais alors on a soin de séparer, à la droite du quotient, autant de chiffres décimaux qu'il y a de décimales au dividende.

D. *Que faut-il faire pour diviser un nombre décimal par 10, par 100 ou par 1000 ?*

R. Il suffit d'avancer la virgule qui sépare le nombre entier des décimales, de un ou deux ou trois rangs vers la gauche.

Exemple. 125 fr. 5 décimes divisés par 10, égalent 12 fr. 55 centimes. 125 fr. 5 décimes divisés par 100, égalent 1 fr. 255 millièmes.

Ou 125,5 : 10 = 12,55. Ou 125,5 : 100 = 1,255.

Règle de Trois simple.

D. *Quel est le but de la Règle de Trois simple?*

R. La Règle de Trois simple a pour but de déterminer une quantité inconnue, à l'aide de trois autres quantités connues.

D. *Dans les quatre quantités que présente toute Règle de Trois simple, combien peut-il y avoir d'espèces?*

R. Il n'y a jamais que deux espèces. Les deux quantités de même espèce qui sont connues, se nomment *causes*; l'autre quantité et celle de même espèce que l'on cherche, sont appelées *effets*, parce qu'elles dépendent des deux premières.

D. *A quoi faut-il faire attention lorsqu'on a une Règle de Trois à faire?*

R. Lorsqu'on a une Règle de Trois simple à faire, et qu'on veut la faire par les proportions, pour l'établir il faut faire attention si la règle est *directe* ou *inverse.*

D. *Quand est-ce qu'on voit que la Règle est directe?*

R. On le voit quand le plus donne le plus, et que le moins donne le moins.

D. *Alors comment l'établit-on?*

R. Pour établir une Règle de Trois simple et directe, on met: *La première cause est à la seconde, comme l'effet connu est à* x.

Exemple. Il a fallu 8 jours à 6 demoiselles pour faire 0 mètres 50 centimètres d'un certain ouvrage. Combien mettront-elles de temps pour en faire 4 mètres ?

Après avoir examiné cette question, je vois que c'est 0 mètres 50 centimètres qui est la première cause, parce que c'est elle qui a produit un effet qui est 8 jours. 4 mètres est la seconde cause, car son effet est inconnu. Je vais donc établir la règle comme on vient de dire, en mettant : *La première cause est à la seconde, comme l'effet connu est à* x.

OPÉRATION.

$$0,50 : 4 :: 8 : x$$
$$8$$

3 2 0 0	0,50
2 0 0	
2 0	1 0 6 jours.

Les deux points que je mets entre chaque nombre, veulent dire *est à*, et les quatre signifient *comme.* L'*x* indique l'effet inconnu.

D. *Quand est-ce qu'on voit que la Règle est in-verse ?*

R. Elle est inverse quand le plus donne le moins, et que le moins donne le plus.

D. *Lorsque la Règle est inverse, comment l'établit-on ?*

R. On l'établit comme la Règle directe, excepté que l'on met : *La deuxième cause est à la première, comme l'effet connu est à x.*

Exemple de la Règle de Trois inverse.

Vingt ouvriers ont fait un certain ouvrage en 140 jours. Combien faudra-t-il de temps à 40 ouvriers pour faire le même ouvrage ?

Je vois que cette règle est inverse, parce que moins on emploie d'ouvriers pour faire l'ouvrage, plus il faut de jours, et plus on emploie d'ouvriers moins il faut de jours. Ainsi il faudra moins de temps à 40 ouvriers pour faire le même ouvrage qu'à 20.

Je vais donc établir l'opération en mettant d'abord la seconde cause, ensuite la première, puis seulement l'effet connu, qui est seul de son espèce.

OPÉRATION.

$$40 : 20 :: 140 : x$$

$$
\begin{array}{c}
20 \\
\hline
280 \,\text{o} \quad | \quad 4\,\text{o} \\
00 \quad\; | \quad \overline{7\,0}
\end{array}
$$

Pour faire l'opération, on multiplie les deux moyens l'un par l'autre, et on divise le produit de ces deux moyens par l'extrême connu. L'x et le premier nombre à gauche sont les *extrêmes*, et les deux nombres du milieu sont appelés *moyens*.

D. *Ne peut-on pas aussi faire la Règle de Trois par une autre méthode que par les proportions?*

R. Oui : maintenant on préfère opérer par le raisonnement, ou la simplification. L'opération est beaucoup plus abrégée. C'est en ramenant les nombres à l'unité et en les simplifiant.

D. *Comment simplifie-t-on les nombres?*

R. On les simplifie en prenant le tiers, le quart, le huitième, le douzième, &c.

D. *Comment faut-il établir l'opération pour la faire par la simplification?*

R. Pour la faire par le raisonnement ou la simplification, on tire d'abord une ligne horizontale comme il suit ———— ; puis, en allant de gauche à droite, on pose sur une même ligne l'effet connu. A la droite de l'effet connu, on met le signe *multiplié par* ($\times$). On écrit toujours le plus au-dessus de la ligne, et le moins au-dessous.

PROBLÈME. 12 ouvriers ont fait 60 mètres d'ouvrage dans un certain temps. Combien 18 en feront-ils pendant le même temps?

$$
\begin{array}{l}
30 \times 5 = 90 \\
60 \times 18 \\
\hline
: 12 \\
 2 \\
 1
\end{array}
$$

Pour résoudre ce problème, je tire une ligne sur laquelle je pose d'abord 60, qui est l'effet connu parce qu'il est seul de son espèce. A la droite de ce nombre je mets le signe *multiplié par*.

RAISONNEMENT. Je dis, en commençant de lire la question : Si, au lieu d'avoir été 12 ouvriers, on n'eût été qu'un seul, on aurait fait 12 fois moins de mètres, ou $\dfrac{60}{:12}$. Mais si on n'a pas seulement été un seul, mais 18, on a dû faire 18 fois plus de mètres, ou $\dfrac{60 \times 18}{12}$. Après avoir ainsi établi l'opération, j'ai simplifié les nombres du dessus de la ligne, et celui du dessous, par un même nombre. J'ai pris d'abord le sixième de 18, et puis le sixième de 12, puis la moitié de 60 avec la moitié de 2, qu'on avait eu de 12. Enfin il n'est resté que 1 pour diviseur et pour dividende; il est resté 30×3, ou 90, qui est en même temps le quotient demandé.

PREUVE DE LA RÈGLE DE TROIS SIMPLE.

D. *Comment fait-on la preuve de la Règle de Trois simple?*

R. La preuve de la Règle de Trois, se fait par une seconde Règle de Trois, en mettant : *La deuxième cause est à la première, comme l'effet inconnu est à x.*

Par le raisonnement, la preuve se fait par une règle analogue à la première, en considérant l'effet connu comme inconnu, c'est-à-dire en prenant l'un pour l'autre. Le raisonnement est le même pour la preuve que pour l'opération.

Règle de Trois composée.

D. *Quand est-ce que la Règle de Trois est composée?*

R. La Règle de Trois est composée quand la quantité que l'on cherche dépend de deux, ou d'un plus grand nombre de causes.

Il n'y a jamais que deux effets, mais chaque effet a plusieurs causes.

Exemple. 11 ouvriers travaillant pendant 15 jours, et 12 heures par jour, ont fait 960 mètres d'ouvrage. On demande combien il faudra que 15 ouvriers emploient de jours, en travaillant 11 heures par jour, pour faire 240 mètres du même ouvrage.

Pour opérer par les proportions, il faut d'abord chercher combien il y a de rapports dans la question.

Après l'avoir examiné, je vois que ce problème renferme trois rapports. Le premier, c'est 11 ouvriers avec 15; le deuxième, c'est 12 heures avec 11 heures; et enfin le troisième, c'est 960 mètres avec 240. L'effet connu est 15 jours, parce que ce nombre est seul de son espèce. J'établis mes rapports comme il suit, en examinant s'ils sont directs ou inverses.

$$1^{er} \text{ Rapport} : 15 : 11$$
$$2^e \quad \text{———} \quad 11 : 12$$
$$3^e \quad \text{———} \quad 960 : 240$$

Le premier rapport est inverse; car moins ils sont d'ouvriers, plus il leur faut de jours. Le deuxième est aussi inverse; moins ils travaillent d'heures, plus il leur faut de jours. Le troisième est direct, car plus on a de mètres à faire, plus il faut de jours; et moins on en a, moins il faut de jours.

Ainsi, pour établir un rapport inverse, on met: *la deuxième cause est à la première*, comme j'ai fait pour les deux rapports ci-devant; et comme le troisième est direct, j'ai mis : *la première cause est à la seconde.*

Lorsque les rapports sont ainsi établis, on cherche si on peut les simplifier, ensuite on multiplie antécédent par antécédent, et conséquent par conséquent, pour les ramener à deux termes, pour pouvoir établir l'opération comme dans la Règle de Trois simple.

EXEMPLE.

$$
\begin{array}{llll}
1^{er}. & 15 : 11 & \text{Ou} \quad 15 : \cancel{11} \\
2^{e}. & 11 : 12 & \qquad \cancel{11} : 12 \\
3^{e}. & 960 : 240 & \qquad\ \ 8 : 2 \\
\hline
& & \qquad 120 : 24
\end{array}
$$

Ou $\ 15 \times 8 = 120$; 1re cause.

$\qquad 12 \times 2 = \ \ 24$; 2e cause.

$$\dagger\ 120 : 24 :: 15 : x$$

$$
\begin{array}{r}
15 \\
\hline
120 \\
24 \\
\hline
360\ \ |\ 120 \\
000\ \ |\ \overline{\text{3 jours.}}
\end{array}
$$

Après avoir ainsi ramené les rapports à deux termes, on met : *La première cause est à la deuxième, comme l'effet connu est à* x. L'x indique l'effet que l'on cherche, comme on vient de faire dans cette règle, et le quotient indique l'effet cherché.

Par exemple, pour faire la preuve de la règle ci-dessus, au lieu de dire, 120 *est à* 24 $\dagger$, je dis, 24 *est à* 120 ; et au lieu de mettre, *comme* 15 *est* à x, je mets, *comme 3 est à x.* Alors si l'opération est exacte, je dois retrouver 15.

$$24 : 120 :: 3 : x$$

$$3$$

$$\begin{array}{c|l} 360 & 24 \\ 120 & \overline{} \\ 00 & 15 \end{array}$$ J'ai retrouvé 15 : donc l'opération est bonne.

On peut aussi, comme nous l'avons déjà dit, faire la Règle de Trois composée par le raisonnement ou la simplification.

Ainsi la même question que ci-devant :

11 ouvriers travaillant 15 jours, et 12 heures par jour, ont fait 960 mètres d'ouvrage. Combien faudra-t-il que 15 ouvriers emploient de jours, de 11 heures par jour, pour faire 240 mètres ?

OPÉRATION.

$$\frac{15 \times 11 \times 12 \times 240}{960 \times 15 \times 11} = 3 \text{ jours.}$$

RAISONNEMENT.

Je mets d'abord l'effet connu, qui est 15, au-dessus de la ligne, à gauche ; puis je commence à lire la question, en disant : Si, au lieu d'avoir employé 11 ouvriers, on n'en eût employé qu'un, il eût mis 11 fois plus de jours, ou 15×11. Je continue la question et je dis encore sur les heures : Si, au lieu de travailler pendant 12 heures, on ne travaille qu'une heure, il faudra encore 12 fois plus de jours, ou $\overline{15 \times 11 \times 12}$. (On met toujours le plus au-dessus de la ligne, et le moins au-dessous. Le plus se prend pour dividende, et le moins pour diviseur.) Je passe ensuite à l'autre nombre, et je dis : Si, au lieu d'avoir 960 mètres à faire, on n'en avait qu'un, il faudrait 960 fois moins de jours, ou $\dfrac{15 \times 11 \times 12}{: 960 \times}$. Maintenant je dis : On n'a pas seulement employé un ouvrier, mais 15 : ils ont dû être 15 fois moins de jours, ou $\dfrac{15 \times 11 \times 12}{: 960 \times 15}$. Ils n'ont pas seulement travaillé une heure, mais 11 heures : ils ont dû être 11 fois moins de jours, ou $\dfrac{15 \times 11 \times 12}{: 960 \times 15 \times 11}$ Ils n'ont pas seulement fait un mètre, mais 240 ; ils ont dû être 240 fois plus de jours, ou...... $\dfrac{15 \times 11 \times 12 \times 240}{: 960 \times 15 \times 11}$. Si, après avoir simplifié les nombres du dessus de la ligne et ceux du dessous par un même nombre, il ne reste plus qu'un chiffre ou qu'un nombre au-dessus de la ligne, ce chiffre est la réponse de l'opération. Mais s'il se trouvait plusieurs nombres, après avoir simplifié il faudrait les multiplier l'un par l'autre. Les nombres du dessus ainsi multipliés se prendraient pour dividende, et ceux du dessous pour diviseur. Le quotient de la division serait l'effet demandé.

PREUVE DE LA RÈGLE DE TROIS COMPOSÉE.

D. *Comment fait-on la preuve de la Règle de Trois composée, lorsqu'on a un reste ?*

R. La manière la plus simple pour faire la preuve de cette règle lorsqu'on a un reste, c'est de mettre le dividende et le diviseur sous la forme de fractions, et d'établir sa preuve en faisant le même raisonnement que pour l'opération. Si l'opération est exacte, on doit retrouver l'effet connu.

Exemple. 10 ouvriers ont fait pendant 31 jours 140 mètres d'ouvrage. Combien 16 ouvriers en feront-ils en travaillant 25 jours? — *Réponse.* 180 mètres.

OPÉRATION.

$$\dagger\ \frac{140 \times 16 \times 25}{:\ 10 \times 31}$$

$$
\begin{array}{r}
14 \\
16 \\
\hline
84 \\
14 \\
\hline
224 \\
25 \\
\hline
1120 \\
448 \\
\hline
\end{array}
$$

Dividende : 5 6 0 0   31 Diviseur.
                2 5 0   180 mètres.
                0 2 0

PREUVE.

$$
\frac{\overset{\overset{\overset{70}{280}}{1400}}{5600} \times 10 \times 31}{31 \times 16 \times 25}
= \frac{\overset{70}{2}}{140}\ \dagger
$$

$$\frac{}{1 \times 1 \times 1}$$

Après avoir mis mon dividende et mon diviseur sous la forme de fractions, comme je viens de faire, et après avoir simplifié tous mes nombres, il m'est resté 70 à multiplier par 2 ; ce qui m'a donné le même nombre que l'effet connu dans la question. Donc l'opération est exacte.

Règle d'Intérêt.

D. *Quel est le but principal de la Règle d'Intérêt ?*

R. Le but de la Règle d'Intérêt est de déterminer ce qui est dû à un créancier, pour la jouissance d'une somme qu'il a prêtée. L'intérêt se paie ordinairement pour le dédommager des pertes qu'il éprouve, ou des profits dont il se prive.

On appelle *capital* la somme prêtée, *taux* ce que rapportent cent francs prêtés pour un an. Le taux est fixé par la loi à 5 pour cent, et à 6 dans le commerce.

D. *Combien peut-il y avoir de choses à déterminer dans les Règles d'Intérêt ?*

R. Il y en a quatre, savoir : *le capital, l'intérêt, le taux,* et *le temps.*

D. *Pour chercher le capital, que suffit-il de faire ?*

R. Il suffit de multiplier la rente totale par 100, et de diviser le produit par le taux. Exemple : On a placé à 5 pour % une certaine somme qui a rapporté au bout d'un an 245 francs. Quelle est cette somme ?

$$5 : 245 :: 100 : x$$

$$
\begin{array}{r}
245 \\
100 \\
\hline
\end{array}
$$

$$
\begin{array}{r|l}
24500 & 5 \\
45 & \overline{4900} \\
000 &
\end{array}
$$

Ou $245 \times 100 = 24500 \mid 5$
$$45 \atop 000 \mid 4900$$

D. *Que faut-il faire pour chercher l'intérêt d'une somme ?*

R. Il suffit de multiplier le capital par le taux, et de diviser le produit par 100.

Exemple. Quel est l'intérêt de la somme de 8400 francs, à 6 pour %?

8400
6
————
504,00
————

Réponse. L'intérêt est de 504 francs.

Pour diviser un nombre entier par 100, il suffit de séparer deux chiffres sur sa droite.

Ou bien on pourrait dire : Si 100 fr. donnent 6 fr. d'intérêt, 1 fr. donnera 100 fois moins, ou 0 fr. 06 centimes ; et 8400 fr. donneront 8400 fois plus qu'un franc, ou $8400 \times 0,06$. Certainement en multipliant ces deux nombres, le produit sera le même qu'en multipliant le capital par le taux et en divisant le produit par 100.

D. *Que faut-il faire pour trouver le taux du prêt ?*

R. Il suffit de multiplier l'intérêt d'un an par 100, et de diviser le produit par le capital.

Exemple. Un capital de 4900 francs a été placé. Au bout d'un an, il a rapporté 245 francs d'intérêt. A quel taux a-t-il été placé ?

$245 \times 100 = 24500 \mid 4900$
$$00 \mid 5 \text{ fr.}$$

Réponse. Il a été placé à 5 pour %.

D. *Que faut-il faire pour chercher le temps ?*

R. Il faut multiplier le capital par le taux, et en

diviser le produit par 100; puis le quotient de cette division se prend pour diviseur, et ce que le capital a produit se prend pour dividende. Alors le quotient indique le temps demandé.

EXEMPLE. Un négociant a placé à 5 pour % une somme de 18000 francs. On demande pendant combien de temps il doit laisser cette somme pour recevoir un intérêt de 2240 francs.

Réponse. 2 ans 5 mois 26 jours.

```
  1 8 0 0 0        2 2 4 0  | 9 0 0
          5          4 4 0  |___________
  ___________     Mois 1 2  | 2 ans 5 m. 26 jours.
  9 0 0,0 0          ___________
                       8 8 0
                     4 4 0
                   ___________
                     5 2 8 0  mois.
                       7 8 0
                 Jours   5 0
                   ___________
                     2 5 4 0 0  jours.
                       5 4 0 0
                       0 0 0
                   ___________
```

Après avoir trouvé 2 ans au quotient, j'ai vu qu'il me restait encore 440 de reste au dividende partiel; et pour réduire ce reste en mois, je l'ai multiplié par 12, parce qu'il y a 12 mois dans un an. J'ai encore réduit le restant des mois en jours, en le multipliant par 30, parce qu'il y a 30 jours dans le mois.

Lorsqu'on a l'intérêt de plusieurs années, et qu'on veut chercher le capital, il suffit de multiplier l'intérêt total par 100, et d'en diviser le produit par le taux multiplié par le nombre d'années.

EXEMPLE. Un riche propriétaire a placé une certaine somme à 4 pour °/₀. Elle lui a produit en 3 ans un intérêt de 6425 fr. Quelle est cette somme ?

Taux : $4 \times 3 = 12$.

Intérêt total : $6425 \times 100 = 642500$ | 12
$$42$$
$$65$$
$$50$$
$$20$$
$$80$$
$$80$$
$$8$$
$$55541{,}66$$

Réponse. Cette somme est 55541 fr. 66 centimes.

AUTRE PROBLÈME. On a placé une certaine somme à 5 pour °/₀. Au bout de 4 ans, le débiteur doit, tant pour capital que pour intérêts, la somme de 6845 fr. Quelle était la somme prêtée ?

Taux : 5×4 ans $= 20$
$$+ 100$$
$$= 120 \text{ fr.}$$

$6845 \times 100 = 684500$ | 120
$$84$$
$$050$$
$$20$$
$$80$$
$$80$$
$$8$$
$$5704 \text{ fr. } 166 \text{ millièm.}$$

Ou bien on l'établit ainsi : $120 : 6845 :: 100 : x$. Ensuite on multiplie les deux moyens, et on divise le produit de ces deux moyens par l'extrême connu.

Ou par le raisonnement.

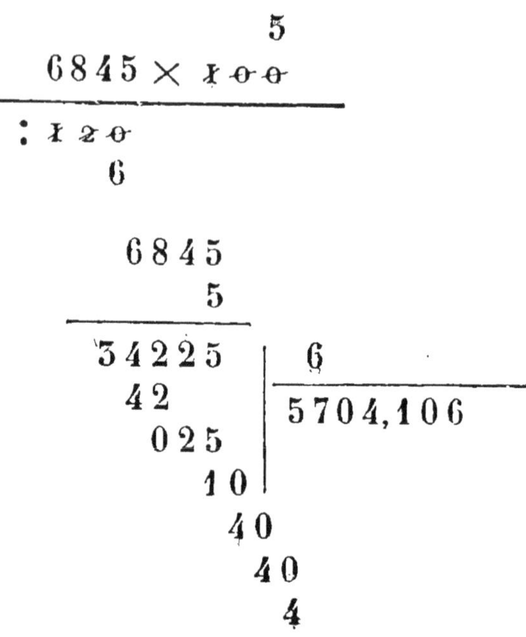

DE L'INTÉRÊT COMPOSÉ.

D. *Quand est-ce que l'intérêt est composé?*

R. L'intérêt est composé, lorsqu'on joint l'intérêt d'une somme prêtée, à cette même somme, pour produire à son tour un intérêt l'année suivante.

D. *Comment opère-t-on ces sortes de règles?*

R. On les opère comme les règles de Trois, mais le moyen le plus sûr et le plus simple, c'est de chercher d'abord l'intérêt d'un an; ensuite ajouter cet intérêt au capital, pour chercher l'intérêt de la deuxième année; &c.

EXEMPLE. Quel est l'intérêt des intérêts de 8000 fr., à 5 pour %, pour 3 ans?

$$8\,0\,0\,0$$
$$5$$

Intérêt d'un an : $4\,0\,0{,}0\,0$
$$8\,0\,0\,0$$

$$8\,4\,0\,0$$
$$5$$

2ᵐᵉ année : $4\,2\,0{,}0\,0$
$$8\,4\,0\,0$$

$$8\,8\,2\,0$$
$$5$$

3ᵐᵉ année : $4\,4\,1{,}0\,0$
$$8\,8\,2\,0$$

Capital et intérêts : $9\,2\,6\,1{,}0\,0$

1ʳᵉ année : $4\,0\,0$
2ᵐᵉ ——— $4\,2\,0$
3ᵐᵉ ——— $4\,4\,1$

Intérêt total : $1\,2\,6\,1$ fr.

Réponse. L'intérêt est de 1261 francs, et le capital réuni à l'intérêt serait de 9261 francs.

Après avoir multiplié le capital par le taux, j'ai divisé le produit par 100, en séparant deux chiffres sur sa droite. J'ai ensuite ajouté le capital à l'intérêt, ce qui m'a donné un nouveau produit à l'égard duquel j'ai opéré comme sur le précédent. L'opération faite, j'ai trouvé que l'intérêt composé des 8000 fr. pour 3 ans, était de 1261 francs.

Règle de Société ou de Partage.

D. Quel est le but de la Règle de Société?

R. Le but principal de la Règle de Société, est de partager un nombre en parties qui aient entre elles des rapports déterminés.

On peut encore définir : Cette opération sert à partager le profit ou la perte qui résulte d'un commerce entre plusieurs associés.

D. Comment établit-on les Règles de Société?

R. On les établit en mettant : *La mise totale est au gain total, comme la part de chaque associé est à x.*

EXEMPLE. Trois marchands de bois ont acheté une coupe : le premier a donné 400 fr., le second 250, et le troisième y a contribué pour 635 fr. Ils désirent gagner 200 fr. Combien auront-ils chacun sur ce gain, à proportion de leur mise?

$$1^{re} \text{ mise} : 400$$
$$2^e \text{ ——} \quad 250$$
$$3^e \text{ ——} \quad 635$$

Mise totale: 1285

$$1285 : 200 :: 400 : x$$
$$400$$

80000	1285
2900	
5300	62 fr. 25
7300	
875	

$$1285 : 200 :: 250 : x$$
$$250$$

50000	1285
11450	
11700	38,91
1350	
65	

$$1285 : 200 :: 635 : x$$

$$635$$

$$\begin{array}{l|l}
127000 & 1285 \\
11350 & \\
\hline
10700 & 98,83 \\
4200 & \\
345 &
\end{array}$$

Réponse. Le premier aura 62 fr. 25 c.; le second 38 fr. 91 c., et le troisième 98 fr. 83 c.

AUTRE PROBLÈME. Quatre jeunes hommes se sont associés dans le commerce. Le premier a mis 8000 fr., le deuxième 3000, le troisième 9000, et enfin le quatrième 4000 fr. Ils ont 2500 francs de gain. Quelle doit être la part de chacun, à proportion de sa mise?

OPÉRATION.

$$
\begin{array}{lll}
1^{re}\ \text{mise} : & 8\,0\,0\,0 \\
2^{e}\ \text{---} & 3\,0\,0\,0 \\
3^{e}\ \text{---} & 9\,0\,0\,0 \\
4^{e}\ \text{---} & 4\,0\,0\,0 \\
\end{array}
$$

Mise totale : 24000 fr.

$$24000 : 2500 :: 8000 : x$$

Ou $24 : 2500 :: 8 : x = 833 + 8/24$ *part du 1er.*
$24 : 2500 :: 3 : x = 312 + 12/24$ *part du 2e.*
$24 : 2500 :: 9 : x = 937 + 12/24$ *part du 3e.*
$24 : 2500 :: 4 : x = 416 + 16/24$ *part du 4e.*

$$2 \quad 48/24 \text{ ou } 2 \text{ unités,}$$

que je reporte avec les unités afin de retrouver le gain total.

Preuve : 2500 fr.; *gain total.*

RÈGLE DE SOCIÉTÉ COMPOSÉE.

D. *Quand est-ce que la Règle de Société est composée ?*

R. Elle est composée quand la mise de chaque associé est laissée dans le commerce, pour un certain nombre de mois ou d'années.

D. *Alors comment opère-t-on ?*

R. On opère comme dans la Règle de Société simple. Seulement, on multiplie la mise de chaque associé par le nombre de mois laissés dans le commerce.

Exemple. Quatre associés ont à se partager le gain qu'ils ont fait dans le commerce, qui est 8000 fr. Le premier a mis 400 fr. pour 6 mois, le deuxième 500 pour 9 mois, le troisième 600 pour 10 mois ; et enfin le quatrième a mis 700 fr. pour 7 mois. Combien chacun doit-il avoir, à proportion de sa mise et du temps qu'elle est restée dans le commerce ?

$$\text{Mise du 1}^{\text{er}}. \quad 400 \times 6 \text{ mois} = 2400$$
$$\text{Mise du 2}^{\text{e}}. \quad 500 \times 9 \text{ mois} = 2700$$
$$\text{Mise du 3}^{\text{e}}. \quad 600 \times 10 \text{ mois} = 6000$$
$$\text{Mise du 4}^{\text{e}}. \quad 700 \times 7 \text{ mois} = 4900$$

Mise totale : 16000

Maintenant il y a quatre Règles de Trois à faire. On met pour chacune : *La mise totale est au gain total, comme la part de chacun est à* x.

$$16000 : 8000 :: 2400 : x = 1200 \text{ fr.} ; \textit{gain du 1}^{er}.$$
$$16000 : 8000 :: 2700 : x = 1350 ; \textit{gain du 2}^{e}.$$
$$16000 : 8000 :: 6000 : x = 3000 ; \textit{gain du 3}^{e}.$$
$$16000 : 8000 :: 4900 : x = 2450 ; \textit{gain du 4}^{e}.$$

Preuve : 8000 ; *gain total.*

D. *Comment fait-on la preuve de la Règle de Société ?*

R. Elle se fait en additionnant le gain de chacun, ou le quotient de chaque opération. Alors si on retrouve le gain total, ou la somme qui était à partager, c'est une preuve que l'opération est bonne.

Mais si les opérations ont laissé des restes, on les additionne pour en extraire les unités, en divisant le produit par le diviseur commun ; et le quotient obtenu se reporte pour être additionné avec le gain de chacun, afin de retrouver le gain total.

Exemple. Trois négociants se sont associés. Ils ont acheté des marchandises pour 2800 fr. Sur ces marchandises, ils ont gagné 600 fr. Combien chacun aura-t-il sur ce gain, sachant que le premier y a contribué pour 640 fr.; le deuxième a donné 560 fr., et enfin le troisième a donné 1800 francs ?

$$2\,8\,0\,0 : 6\,0\,0, \text{ ou } 2\,8 : 6 :: 6\,4\,0 : x$$

```
              6 4 0
           ─────────
           5 8 4 0  │  2 8
           1 0 4    │ ──────────
             2 0 0  │  1 5 7, 1 4.
             0 4 0
               1 2 0
                 0 8
```

```
2 8 : 6 :: 5 6 0 : x          2 8 : 6 :: 1 8 0 0 : x
    5 6 0                          1 8 0 0
  ─────────                      ───────────
  2 1 6 0  │  2 8               1 0 8 0 0  │  2 8
  2 0 0    │ ──────             2 4 0      │ ──────────
    0 4 0  │  7 7, 1 4            1 6 0    │  3 8 5, 7 1
      1 2 0                         2 0 0
        0 8                         0 4 0
                                     1 2
```

$$\dot{+} \; 1$$

$$1\,3\,7,\,1\,4 \;\dotplus\; 8/28\;;\; \textit{gain du } 1^{er}.$$
$$0\,7\,7,\,1\,4 \;\dotplus\; 8/28\;;\; \textit{gain du } 2^{e}.$$
$$5\,8\,5,\,7\,1 \;\dotplus\; 12/28\;;\; \textit{gain du } 5^{e}.$$

Preuve : $6\,0\,0,\,0\,0 \qquad 28/28,\; \textit{ou } 1 \dotplus \textit{unité.}$

Règle d'Alliage.

D. *Quel est le but principal de la Règle d'Alliage ?*

R. Le but principal de la Règle d'Alliage, est de déterminer la valeur moyenne de plusieurs objets de valeur différente mêlés ensemble, lorsqu'on en connaît le nombre ainsi que la valeur particulière de chaque objet avant le mélange.

Exemple. On a mêlé 200 litres de vin à 50 centimes le litre, 500 litres à 75 centimes, et 100 litres à un franc. Quel est le prix de chaque litre du mélange ?

$$
\begin{array}{llll}
2\,0\,0 \text{ litres à } 0,5\,0 \text{ centimes font } & 1\,0\,0 \text{ fr.} \\
5\,0\,0 \;—\; 0,75 \;———\; & 2\,2\,5 \\
1\,0\,0 \;—\; 1,0\,0 \;———\; & 1\,0\,0 \\
\hline
6\,0\,0 & 4\,2\,5
\end{array}
$$

Divisant 425 par le nombre 600 obtenu des litres, le quotient 0 fr. 71 c. est le prix demandé.

Le même procédé sert à déterminer un terme moyen entre plusieurs résultats différents. Par exemple, si on a mesuré trois fois la superficie d'un terrain, et que l'on ait trouvé la première fois 825, la deuxième 824,60, la troisième 826 ares 15 centiares, en faisant la somme 2475 ares 75 centiares, des trois nombres, on aura pour mesure moyenne le tiers de cette somme, ou 825 ares 25 centiares.

Règle d'Escompte.

D. Quel est le but principal de la Règle d'Escompte?

R. Le but principal de la Règle d'Escompte, est de déterminer la remise que fait un créancier, ou la perte à laquelle il se soumet, pour être payé de la somme qui lui est due avant l'échéance du terme. Cette remise se nomme *escompte*. L'escompte se prend ordinairement au même taux que l'intérêt.

D. Combien peut-il y avoir d'escomptes?

R. De deux sortes, savoir : *l'escompte en dedans* et *l'escompte en dehors*.

ESCOMPTE EN DEDANS.

D. Quand est-ce que l'escompte est en dedans?

R. L'escompte est en dedans lorsqu'on ne prend l'intérêt que de la somme prêtée.

Ainsi, par exemple, il y a escompte en dedans quand, pour une somme de 100 fr. qu'on prête, on fait un billet de 105 fr. payable au bout d'un an. Mais si on l'acquittait le jour même de sa date, il se réduirait à 100 fr. seulement.

D. Que faut-il faire pour déterminer l'escompte en dedans?

R. En général, pour déterminer l'escompte en dedans, il suffit de multiplier le capital par le taux, et de diviser le résultat par 100 augmenté du taux.

EXEMPLE. Quel sera, à 5 pour 100, l'escompte d'une somme de 6450 fr., escomptée un an avant l'échéance du terme ?

3*

$$100 + 5 = 105 : 5 :: 6450 : x$$

$$5$$

$$
\begin{array}{r|l}
5\,2\,2\,5\,0 & 105 \\
0\,0\,7\,5\,0 & \overline{307,14} \\
0\,1\,5\,0 & \\
0\,4\,5\,0 & \\
5\,0 &
\end{array}
$$

Réponse. L'escompte sera de 307 fr. 14 c.

D. *Lorsqu'on veut chercher l'escompte en dedans pour plusieurs années, qu'elle marche faut-il suivre ?*

R. Voici la marche qu'on peut suivre. Il suffit d'ajouter : 100 *est à son escompte multiplié par le nombre d'années, et à l'escompte de 100 multiplié également par le temps, comme la somme qui doit être escomptée est à* x.

EXEMPLE. Quel doit être, à 5 pour $^o/_o$, l'escompte d'un capital de 6200 fr., payé 2 ans avant le terme échu ?

$$5 \times 2 = 10 + 100 = 110$$

$$5 \times 2 = 10$$

$$110 : 10 :: 6200 : x$$

$$10$$

$$
\begin{array}{r|l}
6\,2\,0\,0\,0 & 110 \\
7\,0 & \overline{563,63} \\
4\,0 & \\
7\,0 & \\
4\,0 & \\
7 &
\end{array}
$$

Réponse. L'escompte sera de 563 fr. 63 c.

ESCOMPTE EN DEHORS.

D. *Quand est-ce que l'escompte est en dehors?*

R. L'escompte est en dehors quand on diminue l'intérêt du capital que l'on prête à un taux quelconque pour un an.

Ainsi, si l'on prêtait 400 fr. à 5 pour %, on ne devrait verser que 580 fr. a l'emprunteur, pour obtenir de lui un billet de 400 fr. payable au bout d'un an.

Autre Exemple. Un marchand a vendu des marchandises pour 645 fr. payables dans un an. Mais le marchand prie ensuite son débiteur de lui payer le lendemain de sa vente. Alors celui-ci, qui souffre du dommage en avançant cette somme, exige un escompte de 6 pour %. On demande combien le marchand doit déduire sur le prix de ses marchandises.

$$1\ 0\ 0 : 6 :: 6\ 4\ 5 : x \qquad Ou\ 1\ 0\ 0 : 9\ 4 :: 6\ 4\ 5 : x$$

$$
\begin{array}{r}
6 \\
\hline
3\ 8,7\ 0 \\
\hline
\end{array}
\qquad
\begin{array}{r}
9\ 4 \\
\hline
2\ 5\ 8\ 0 \\
5\ 8\ 0\ 5 \\
\hline
6\ 0\ 6,3\ 0 \\
\hline
\end{array}
$$

$$
\begin{array}{r}
6\ 4\ 5,0\ 0 \\
6\ 0\ 6,3\ 0 \\
\hline
3\ 8,7\ 0 \\
\hline
\end{array}
$$

Réponse. Il doit déduire 38 fr. 70 c.

D. *Quelle marche faut-il suivre, lorsqu'on veut chercher l'escompte en dehors d'une somme quelconque pour plusieurs années?*

R. Lorsqu'on veut chercher l'escompte en dehors pour plusieurs années, voici la marche qu'on peut suivre. On établit sa règle en mettant : 100 *est à son escompte pour un an multiplié par le nombre d'années, comme la somme à escompter est à* x.

EXEMPLE. On demande quel sera l'escompte en dehors d'un billet de 6840 fr. à 6 pour %., pour 8 ans ?

$$100 : 6 \times 8 = 48 :: 6840 : x$$

Ou $100 : 48 :: 6840 : x$

$$
\begin{array}{r}
48 \\
\hline
54720 \\
27360 \\
\hline
3283,20 \\
\hline
\end{array}
$$

Réponse. L'escompte sera de 3283 fr. 20 c.

D. *Comment fait-on la preuve de la Règle d'Escompte?*

R. La preuve de la Règle d'Escompte se fait comme celle de la Règle de Trois simple.

PROBLÈME. On désire connaître l'escompte en dehors de 8000 fr., à 5 pour %.

Si on ôte l'escompte de 100 fr., il ne restera plus que 95 fr. Alors pour faire l'opération on dira : Lorsque 100 fr. se réduisent à 95, à combien doivent se réduire 8000 francs ?

La règle s'établira ainsi :

$$100 : 95 :: 8000 : x$$

$$
\begin{array}{r}
95 \\
\hline
40000 \\
72000 \\
\hline
7600,00 \\
\hline
\end{array}
$$

De 8000
ôter 7600
restent 400 fr.

PREUVE.

$$95 : 100 :: 7600 : x$$
$$100$$

$$\begin{array}{c|c} 760000 & 95 \\ 00000 & \\ \hline & 8000 \text{ fr.} \end{array}$$

Réponse. L'escompte sera de 400 francs.

Règle de Change.

D. *Quel est le but de la Règle de Change?*

R. Le but de la Règle de Change est de déterminer ce qu'on doit payer à un banquier, pour qu'il fasse toucher dans telle ou telle ville une somme quelconque.

Le change n'est autre chose qu'une espèce d'intérêt dont le taux varie. Ainsi on emploie les mêmes moyens que pour le calcul de l'intérêt.

EXEMPLE. On veut faire toucher 4500 fr. à Paris. Le banquier de Strasbourg, auquel on s'adresse, demande 2 pour %. Combien doit-on lui remettre pour le change?

En suivant la règle donnée pour l'intérêt, on a la proportion suivante :

$$100 : 2 :: 4500 : x$$
$$2$$
$$\overline{90,00}$$

Réponse. On doit lui remettre 90 francs.

REMARQUE. S'il fallait déduire le change sur la somme, on emploierait les mêmes moyens que pour l'escompte.

TABLE DE MULTIPLICATION.

2	fois	1	font	2
2		2		4
2		3		6
2		4		8
2		5		10
2		6		12
2		7		14
2		8		16
2		9		18
2		10		20
2		11		22
2		12		24

3	fois	1	font	3
3		2		6
3		3		9
3		4		12
3		5		15
3		6		18
3		7		21
3		8		24
3		9		27
3		10		30
3		11		33
3		12		36

4	fois	1	font	4
4		2		8
4		3		12
4		4		16
4		5		20
4		6		24

4	fois	7	font	28
4		8		32
4		9		36
4		10		40
4		11		44
4		12		48

5	fois	1	font	5
5		2		10
5		3		15
5		4		20
5		5		25
5		6		30
5		7		35
5		8		40
5		9		45
5		10		50
5		11		55
5		12		60

6	fois	1	font	6
6		2		12
6		3		18
6		4		24
6		5		30
6		6		36
6		7		42
6		8		48
6		9		54
6		10		60
6		11		66
6		12		72

7	fois	1	font	7
7		2		14
7		3		21
7		4		28
7		5		35
7		6		42
7		7		49
7		8		56
7		9		63
7		10		70
7		11		77
7		12		84

8	fois	1	font	8
8		2		16
8		3		24
8		4		32
8		5		40
8		6		48
8		7		56
8		8		64
8		9		72
8		10		80
8		11		88
8		12		96

9	fois	1	font	9
9		2		18
9		3		27
9		4		36
9		5		45
9		6		54
9	fois	7	font	63
9		8		72
9		9		81
9		10		90
9		11		99
9		12		108

10	fois	1	font	10
10		2		20
10		3		30
10		4		40
10		5		50
10		6		60
10		7		70
10		8		80
10		9		90
10		10		100
10		11		110
10		12		120

11	fois	1	font	11
11		2		22
11		3		33
11		4		44
11		5		55
11		6		66
11		7		77
11		8		88
11		9		99
11		10		110
11		11		121
11		12		132

12	fois	1	font	12		12	fois	7	font	84
12		2		24		12		8		96
12		3		36		12		9		108
12		4		48		12		10		120
12		5		60		12		11		132
12		6		72		12		12		144

Tableau des Chiffres romains.

1	vaut	I		29	vaut	XXIX
2	——	II		30	——	XXX
3	——	III		31	——	XXXI
4	——	IV		32	——	XXXII
5	——	V		33	——	XXXIII
6	——	VI		34	——	XXXIV
7	——	VII		35	——	XXXV
8	——	VIII		36	——	XXXVI
9	——	IX		37	——	XXXVII
10	——	X		38	——	XXXVIII
11	——	XI		39	——	XXXIX
12	——	XII		40	——	XL
13	——	XIII		41	——	XLI
14	——	XIV		42	——	XLII
15	——	XV		43	——	XLIII
16	——	XVI		44	——	XLIV
17	——	XVII		45	——	XLV
18	——	XVIII		46	——	XLVI
19	——	XIX		47	——	XLVII
20	——	XX		48	——	XLVIII
21	——	XXI		49	——	XLIX
22	——	XXII		50	——	L
23	——	XXIII		51	——	LI
24	——	XXIV		52	——	LII
25	——	XXV		53	——	LIII
26	——	XXVI		54	——	LIV
27	——	XXVII		55	——	LV
28	——	XXVIII		56	——	LVI

57	*vaut*	LVII	84	*vaut*	LXXXIV
58	——	LVIII	85	——	LXXXV
59	——	LIX	86	——	LXXXVI
60	——	LX	87	——	LXXXVII
61	——	LXI	88	——	LXXXVIII
62	——	LXII	89	——	LXXXIX
63	——	LXIII	90	——	XC
64	——	LXIV	91	——	XCI
65	——	LXV	92	——	XCII
66	——	LXVI	93	——	XCIII
67	——	LXVII	94	——	XCIV
68	——	LXVIII	95	——	XCV
69	——	LXIX	96	——	XCVI
70	——	LXX	97	——	XCVII
71	——	LXXI	98	——	XCVIII
72	——	LXXII	99	——	XCIX
73	——	LXXIII	100	——	C
74	——	LXXIV	200	——	CC
75	——	LXXV	300	——	CCC
76	——	LXXVI	400	——	CD
77	——	LXXVII	500	——	D
78	——	LXXVIII	600	——	DC
79	——	LXXIX	700	——	DCC
80	——	LXXX	800	——	DCCC
81	——	LXXXI	900	——	CM
82	——	LXXXII	1000	——	M
83	——	LXXXIII	2000	——	MM

1848 — M DCCC XLVIII

Rapports des Mesures anciennes en nouvelles.

La Livre (monnaie) vaut en franc...	0,987654	ou bien	0 fr. 99 centimes.
L'aune vaut en mètre...........	1,18845	id.	1 mètre 188 millimètres.
La Toise vaut en mètre.........	1,94904	id.	1 mètre 95 centimètres.
Le Boisseau vaut en décalitre.....	1,5008	id.	1 décalitre 501 centilitres.
La Pinte de Paris vaut en litre...	0,9515	id.	0 lit. 95 centilitres.
La Livre (poids) vaut en kilogram.	0,48951	id.	0 kilo 490 grammes.
La Perche (eaux et forêts) v. en are.	0,51072	id.	0 are 51 centiares.
La Toise cube vaut en mètres cubes.	7,40589	id.	7 mèt. cubes 405 décimèt. cub.
La Corde vaut en stères........	5,8591	id.	5 stères 84 centistères.
La Toise carrée vaut en mètr. carrés.	5,798744	id.	5 mèt. carrés 7987 cent. carrés.
La Lieue terrestre vaut en myriamètr.	0,444444	id.	0 myriamètre 4444 mètres.
La Lieue marine........id.....	0,555556	id.	0 myriam. 5556 mètres.

Conversion des Mesures nouvelles en anciennes.

Le FRANC vaut en livre (monnaie)	1,0125	ou bien	1 livre 015.
Le MÈTRE vaut en aune	0,84144	id.	0 aune 84.
Le MÈTRE vaut en toise	0,51307	id.	0 toise 513.
Le DÉCALITRE vaut en boisseau	0,7687	id.	0 boisseau 77.
Le LITRE vaut en pinte de Paris . . . . . . ,	1,0737	id.	1 pinte 074.
Le KILOGRAMME vaut en livres (poids)	2,04288	id.	2 livres 043.
L'ARE vaut en perches de Paris . . . - . . .	2,924943	id.	2 perches 925.
L'ARE vaut en perche (eaux et forêts)	1,95802	id.	1 id. 958.
Le STÈRE vaut en corde (eaux et forêts)	0,26048	id.	0 corde 261.
Le MÈTRE CARRÉ vaut en toise carrée	0,263245	id.	0 toise 26.
Le MYRIAMÈTRE vaut en lieue marine	1,8	id.	1 lieue 8.
Le MYRIAMÈTRE vaut en lieues terrestres . . .	2,25	id.	2 lieues 25.

Conversion de quelques Mesures de Lorraine en Mesures nouvelles.

La Toise (de Lorraine) vaut en mètre . . . . 2 mètres 86 centimètres.

L'Aune (de Lorraine) vaut en mètre . . . . . . 0 mètre 64 centimètres.

L'Arpent de 250 verges vaut en are . . . . . 0 are 44 centiares.

L'Hommée, qui est le 10ᵉ de l'arpent, vaut . . . 2 ares 05 centiares.

Le Resal d'Epinal vaut en litres . . . . 124 litres 84 centilitres.

Celui de Nancy vaut en litres . . . . 117 litres 25 centilitres.

La Mesure vaut en litres . . . . 44 litres 08 centilitres.

Le Pot vaut en litres . . . . 2 litres 45 centilitres.

Le Mètre vaut en toise . . . . 0 toise 3 pieds 4 pouces 9 lignes 728/1000.

Le Mètre vaut en aune . . . . 0 aune 841.

Le Jour de terre vaut 250 toises, et la toise vaut 2 mètres 86 centimètres.

Table des Matières.

Imprimerie de J.-C. Docteur, à Raon-l'Etape.